HELLO，早午餐：

自然醒族的早午餐

甘智荣 主编

黑龙江科学技术出版社
HEILONGJIANG SCIENCE AND TECHNOLOGY PRESS

图书在版编目（CIP）数据

HELLO，早午餐：自然醒族的早午餐 / 甘智荣主编
. -- 哈尔滨：黑龙江科学技术出版社，2018.11
ISBN 978-7-5388-9843-9

Ⅰ. ① H… Ⅱ. ①甘… Ⅲ. ①食谱 Ⅳ. ① TS972.12

中国版本图书馆 CIP 数据核字 (2018) 第 187241 号

HELLO，早午餐：自然醒族的早午餐

HELLO , ZAO-WUCAN : ZIRANXING ZU DE ZAO-WUCAN

作　　者　甘智荣
项目总监　薛方闻
责任编辑　马远洋
策　　划　深圳市金版文化发展股份有限公司
封面设计　深圳市金版文化发展股份有限公司
出　　版　黑龙江科学技术出版社
　　　　　地址：哈尔滨市南岗区公安街 70-2 号　邮编：150007
　　　　　电话：（0451）53642106　传真：（0451）53642143
　　　　　网址：www.lkcbs.cn
发　　行　全国新华书店
印　　刷　深圳市雅佳图印刷有限公司
开　　本　723 mm × 1020 mm　1/16
印　　张　10
字　　数　120 千字
版　　次　2018 年 11 月第 1 版
印　　次　2018 年 11 月第 1 次印刷
书　　号　ISBN 978-7-5388-9843-9
定　　价　39.80 元

目录 · CONTENTS

Part 01

准备开始，早午餐的狂欢

Part 02

甜蜜复制，给伴侣的浪漫早午餐

Part 03

感恩回馈，给父母的舒心早午餐

Part 04

营养定制，给宝贝的暖萌早午餐

Part 05

单身福利，给自己的元气早午餐

Part 01

准备开始，早午餐的狂欢

食物有着超乎想象的治愈能力，即使一个人也要认真地对待自己的胃，认真地品味每一餐。在周末的晚上玩得痛快，第二天舒服地睡个懒觉，然后为自己亲手制作早午餐，不紧不慢地享受着美食，元气满满地开始新的一天。

让早午餐变简单的器具

⊙削皮刀

削皮刀主要用来削去蔬果外皮，如土豆、胡萝卜、木瓜等，也可以用于将食材切成薄片。

⊙菜刀

烹调用的菜刀，最好选用重量适度、握拿合宜、不易生锈和容易清洗的不锈钢材质菜刀。

⊙刨丝器

刨丝器的刀片与削皮器一样，建议选购较耐用的不锈钢或陶瓷材质，若为其他金属材质的工具，可能会因为长期使用而生锈、变钝。

⊙量匙、量杯

量匙和量杯可以测量食材分量，以调制出果汁或酱汁的合适比例，当然口味比例不固定，大家可依个人喜好调整。1杯大约为250毫升，1大勺为15毫升，1小勺为5毫升。

⊙榨汁机

市面上的榨汁机一般可以将蔬果的渣和籽滤除，使蔬果汁的口感更加顺滑，但建议保留它们，因为这些都是粗纤维，能帮助我们达到饱腹感。

⊙电饭煲

拥有一台新型智能电饭煲，利用它的预约功能，你可以轻轻松松喝到一碗暖暖的粥！只需要在晚上备好材料，放进电饭煲，早上你就可以享受到美味了！

⊙多士炉

多士炉是一种专门用于将切成片状的面包重新烘烤的电热炊具。使用多士炉，不仅可以将面包片烤成焦黄色，还能使其香味更浓和口感更好，方便实用。

⊙豆浆机

一般的全自动豆浆机只需要20分钟就可以打出一壶热热的豆浆。除此之外，功能较多的豆浆机还可以做出诸如玉米糊、绿豆汁之类的美味早餐。

选购好食材，是做好饭的关键

蔬菜类食材的选购

正常栽培的蔬菜形状普遍正常，如果购买到“奇形怪状”的蔬菜，就要擦亮双眼看一看。形状不正常的蔬菜极有可能受过不同程度的伤害，比如以下几种蔬菜：

叶子宽大的韭菜

正常的韭菜的叶子看起来细长，有韭菜特有的香气。但是使用过激素的韭菜，它的叶子则异常的宽大及肥厚。

裂心的萝卜

好的萝卜及瓜类形状饱满，而市场上一些裂心的萝卜或瓜类，它们有可能遭遇过严重的虫害，甚至是非正常的栽培方式。

持续生长的黄瓜

摘取下来的正常黄瓜会保留原形，但有些使用过激素的黄瓜在买回家后仍然会持续生长膨胀。

太硬的番茄

越硬的番茄使用植物激素的可能性越大，因此不宜购买。即便买回家，也要等到它延续成熟期变软之后才能食用。

海鲜食材的选购

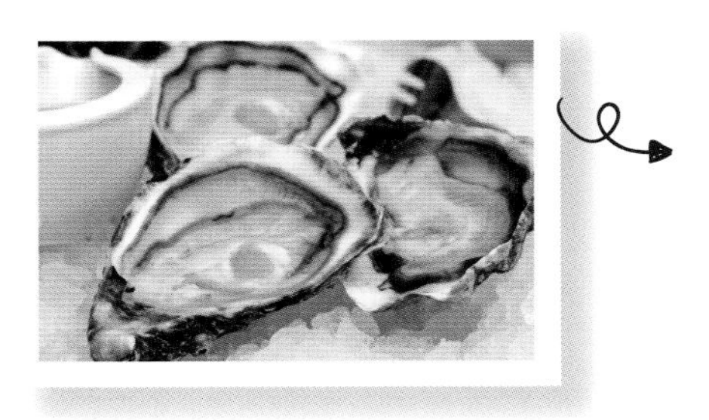

死贝类

贝类本身带菌量比较多，蛋白质分解又很快，一旦死去便大量繁殖病菌，产生毒素，同时其中所含的不饱和脂肪酸也容易氧化酸败。不新鲜的贝类还会产生较多的胺类和自由基，对人体健康造成威胁。

隔夜水产

隔夜水产品凉吃易得消化道疾病。有些朋友在烹制水产品时，前期没有有效地除去有害细菌，在烹饪加工过程中又进行了一些不正确的操作，或者隔夜凉食，就容易出现过敏、腹胀、腹痛、呕吐、泄泻等状况。

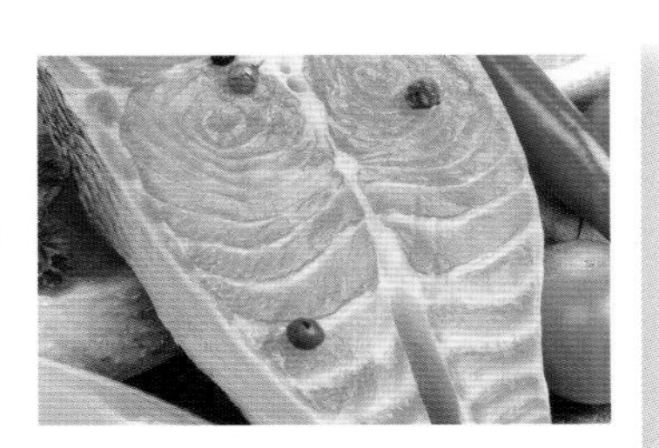

猪肉的选购

看颜色

新鲜的猪肉看肉的颜色，即可看出其柔软度。同样的猪肉，肉色较红者，表示肉较老；颜色呈淡红色者，品质较优良。

闻气味

优质的猪肉带有香味；变质的猪肉一般都会有异味。

摸软硬

新鲜的猪肉肉质紧密，有韧性，指压凹陷处恢复较快；不新鲜的猪肉表面黏手，指压凹陷处恢复较慢。

基础调料大集会

⊙食醋

食醋是让沙拉增加酸味的必备调料，它还能中和肉类的油腻感。酿造食醋是由大米酿造而成的，除了酸味，还有一定的醇香。

⊙盐

盐是制作沙拉最常用的调料之一，可为酱料增加咸味，又不会改变食材的颜色和水分含量。盐的用量可根据需要灵活控制。

⊙橄榄油

橄榄油营养价值高，并且具有独特的清香味道，能增加食材的风味，是最适合调配沙拉酱汁的油类，还可加入醋调成“油醋酱”。

⊙红葡萄酒醋

红葡萄酒醋由葡萄的浓缩果实在木桶中经过多年的发酵酿制而成。其口感柔滑，酸中带甜，略有果香，适合搭配各种肉类和蔬菜。

⊙芝麻酱

芝麻酱是很受大众喜爱的酱料，一般需加水稀释，搭配酱油、辣椒等味道极佳，常用在有面食、豆制品等食材的沙拉中。

⊙番茄酱

番茄酱中除了番茄，还加入了糖、醋、盐以及其他香料来调和口感，因此深受人们喜爱，可与沙拉酱、蔬菜丁混合使用。

⊙姜、蒜

姜、蒜是烹饪菜肴时最常用的调味料，有去腥、提味的作用。

⊙柠檬汁

柠檬汁可为酱汁增加酸味，又不会像醋一样有发酵后留下的“酱”味。柠檬独特的香气还能使食材的口感更清新，并可缓解油腻感。

⊙芝麻油

芝麻油是中式沙拉中不可缺少的调和油，香气浓郁，可赋予食材生动的味道，但不宜搭配五谷、肉类、水果等食材。

⊙果酱

常用的果酱有苹果酱、草莓酱、蓝莓酱、什锦果酱等，适宜搭配糕饼类面食，以及山药、红薯等根茎类蔬菜。

⊙酸奶

用酸奶代替沙拉酱是瘦身的好方法。酸奶具有独特的奶香味和酸甜味，因此也适合搭配橄榄油、柠檬汁、蒜蓉等。

很营养！早午餐也要合理搭配

东西搭配得好不好关系到健康和营养。同样是吃，有人能够通过掌握好正确的饮食原则，保持身心健康；也有人因饮食观念偏差，影响身体健康。“吃”虽然很简单，但吃得正确却不容易。

与单份菜相比套餐较好

从营养均衡的角度来看，与其吃盖浇饭、面类、三明治等的单份菜，不如吃配汤等的套餐好。单份菜中大多缺乏蔬菜，套餐的菜量虽少，但总有一些蔬菜。

菜肴主食和辅食的搭配

在数量上要突出主要食材，使辅助食物起到补充、烘托、陪衬、协调的作用，而且主要食物与辅助食物的比例要恰当，一般为4：3或3：2或2：1。

菜肴质地搭配

要根据食物的性味、质地，做到软配软、脆配脆、韧配韧、嫩配嫩，更重要的是要着眼于营养的配合。

菜肴口味搭配

一般分浓淡相配、淡淡相配和异香相配。浓淡相配，主要是指主食材要选味浓厚的，配合食物选味淡的，如菜心烧肉；淡淡相配要选主、辅食材都味道较淡的，又能相互衬托，如蘑菇鸡丁；异香相配，主食材要选味道较浓且醇香的，配合食物选特殊香的，二味融合，食之别有风味，如孜然羊肉。

用饮料补充缺乏的营养

感觉菜肴营养不足时，可以用牛奶、酸奶以及自己榨的蔬菜汁、果汁来补充，这些饮品富含很多菜肴中没有的营养成分。

菜肴色泽搭配

不论同色或异色搭配，都要使食品色泽协调，引人食欲高涨。

Part 02

甜蜜复制，给伴侣的浪漫早午餐

享受早午餐，是一件非常惬意的事。如果能一边听着音乐，一边与伴侣一起享受自制的早午餐，焦黄的吐司，配上新鲜制作的草莓酱，一切都如此完美。既不用牺牲美美的睡眠时间，又可以享受浪漫的美食时光！

日式烤秋刀鱼&鲑鱼芝麻茶泡饭

日式烤秋刀鱼

材料

秋刀鱼2条

柠檬1个

辣椒粉3克

黑胡椒3克

海盐适量

橄榄油适量

做法

1.将秋刀鱼内外洗净，吸去水渍。

2.两面刷上橄榄油，均匀撒上辣椒粉、黑胡椒、海盐，稍稍按摩鱼身。

3.烤箱预热，中层放入秋刀鱼，以200℃烤3分钟。

4.将其翻面续烤3分钟。

5.取出后挤上少许柠檬汁即可。

鲑鱼芝麻茶泡饭

材料

鲑鱼肉100克

米饭150克

玄米茶1小包

柴鱼高汤适量

食用油、盐各适量

海苔片、熟芝麻各适量

做法

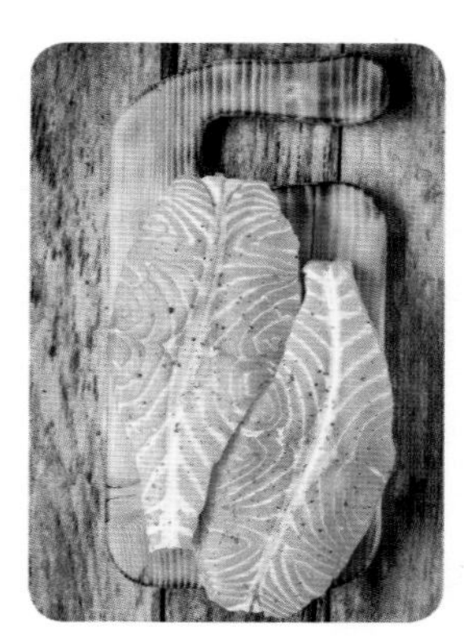

1.玄米茶倒入水壶，注入清水、柴鱼高汤烧开成茶汤。

2.鲑鱼肉两面撒上盐，腌渍片刻。

3.热锅注油烧热，放入鱼肉，中火将两面煎至转色。

4.取出鱼肉，切块。

5.海苔片用剪刀剪成细条。将米饭装碗，倒入茶汤，再将鱼肉摆在饭上，撒上海苔条、熟芝麻即可。

沙拉芝麻酱拌面&长长久久豆浆

沙拉芝麻酱拌面

材料

燕麦面1把
胡萝卜2截
黄瓜1根
鸡蛋1个
杧果半个
白芝麻1茶匙
亚麻子油10毫升
芝麻酱2茶匙
酱油1茶匙
盐适量
黑胡椒适量

做法

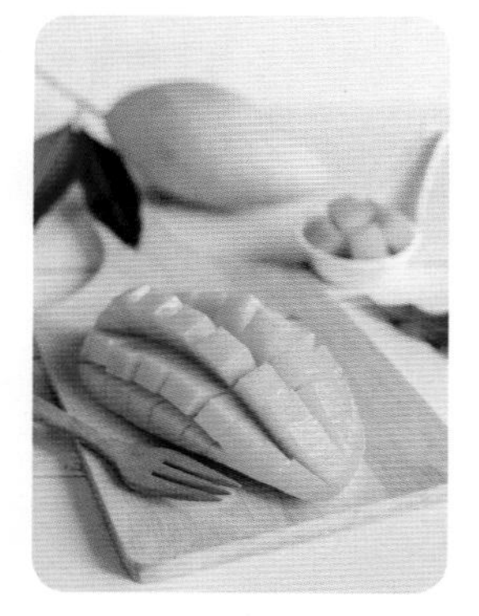

1.将面条煮熟，过冷水后沥干，加亚麻子油拌匀。
2.黄瓜取1截，胡萝卜取1截，分别洗净切丝。
3.芝麻酱加酱油拌匀，加入面条、黄瓜丝、胡萝卜丝拌匀，撒上白芝麻。
4.杧果去皮，切小片，慢慢地一层叠加一层，摆出玫瑰花形。
5. 鸡蛋打散，放入盐、黑胡椒拌匀，入锅内摊成蛋饼，切丁，与胡萝卜丁、黄瓜丁、盐拌匀即可。

长长久久豆浆

材料

花生20克
红豆30克
黄豆40克
蔓越莓干1大匙

做法

1.将泡发后的红豆、花生、黄豆及蔓越莓干一起放入豆浆机中。
2.加水至水位线，选择五谷豆浆模式，打好后倒入杯中即可。

烤核桃水煮蛋沙拉&XO酱海味拌面
&草莓蜂蜜燕麦奶昔

烤核桃水煮蛋沙拉

材料

黄心红薯1/2个

鸡蛋1个

核桃仁适量

西蓝花适量

圣女果适量

香芹适量

葡萄干少许

柠檬汁5毫升

橄榄油1大勺

盐少许

黑胡椒少许

做法

1.红薯洗净去皮后切小块，和鸡蛋一起放入电锅内蒸熟。

2.西蓝花洗净切成小朵，以开水氽烫，取出。

3.鸡蛋剥壳后切片，圣女果洗净切瓣，与备好的红薯块、西蓝花摆盘，撒上洗净的核桃仁、香芹和葡萄干。食用前再淋上调料，拌匀即可。

TIPS

西蓝花在处理之前可以先放入淡盐水中浸泡片刻，这样可以赶出藏在西蓝花里面的小虫子，更卫生。

XO酱海味拌面

材料

挂面150克

墨鱼80克

扇贝80克

洋葱少许

海苔丝少许

盐2克

黑胡椒碎5克

橄榄油适量

蒜末、葱片各少许

红椒圈、XO酱各适量

做法

1.将挂面放入沸水中，煮熟后取出，装入碗中，备用。

2.将洗净的墨鱼、扇贝倒入锅中，焯水至熟，捞出。

3.将墨鱼装入碗中，再把处理好的洋葱、蒜末、葱片、扇贝倒入碗中，搅拌均匀。

4.撒入适量盐、黑胡椒碎，淋入橄榄油，搅拌均匀。

5.把XO酱倒入碗中，搅拌均匀，将拌面盛出，撒上海苔丝、红椒圈即可。

草莓蜂蜜燕麦奶昔

材料

草莓100克

燕麦片50克

蜂蜜少许

黑巧克力屑少许

风味酸奶200克

做法

1.草莓洗净去蒂，对半切开。

2.将草莓、燕麦片倒入榨汁机中。

3.加入酸奶、蜂蜜，启动榨汁机搅拌均匀。

4.把奶昔倒入杯中，撒上少许黑巧克力屑即可。

南瓜小饼&柠檬汁蔬果

南瓜小饼

材料

低筋面粉少许

南瓜1小块

鸡蛋1个

草莓6颗

混合坚果果干30克

牛奶适量

蜂蜜少许

做法

1.将南瓜洗净去皮蒸熟，捣烂成泥，加入鸡蛋、低筋面粉、适量牛奶，搅成糊状。

2.烧热不粘锅后，改小火，不放油，舀一勺南瓜面糊放入锅内摊平，直接煎。

3.待表面出现小气泡后，翻面煎熟，装入盘中。

4.将草莓洗净滤干水分，南瓜小饼上方或周围撒上混合坚果果干及草莓装饰，也可淋上蜂蜜调味。

柠檬汁蔬果

材料

黄瓜半根

樱桃萝卜3个

苹果100克

熟玉米粒80克

柠檬、盐各适量

做法

1.分别将黄瓜、樱桃萝卜洗净切成薄片；苹果洗净切成块状，待用。

2.将熟玉米粒、黄瓜片、樱桃萝卜片、苹果块放入碗中，挤入柠檬汁，放入少许盐，拌匀调味即可。

苦菊沙拉&煎锅料理

苦菊沙拉

材料

苦菊100克
培根50克
紫甘蓝50克
西红柿半个
蒜片少许
沙拉酱少许
柠檬半个
盐适量
胡椒粉适量
橄榄油适量

做法

1.将苦菊洗净滴干水，切成段；西红柿洗净切块；紫甘蓝洗净切丝。

2.热锅倒入橄榄油加热，放入蒜片、培根，将培根煎干。

3.取一个碗倒入橄榄油，挤进半个柠檬的汁。

4.放入适量盐、胡椒粉，充分搅拌均匀，就成了沙拉调味汁。

5.把苦菊段、培根、西红柿、蒜片、紫甘蓝混合在一起，吃的时候再倒入沙拉调味汁、沙拉酱，搅拌均匀即可。

煎锅料理

材料

鸡蛋2个
香肠2根
葱少许
食用油适量

做法

1.煎锅内注油加热，放入香肠，煎出香味。

2.敲入鸡蛋，加热2分钟。

3.至鸡蛋半熟，加入少许葱花即可。

酸奶红薯泥&奇妙蛋

酸奶红薯泥

材料

红薯200克

酸奶1杯

亚麻子粉少许

蔓越莓干60克

小麦胚芽20克

核桃仁少许

南瓜子少许

做法

1.将红薯洗净去皮，切成块，再放入蒸锅内蒸熟。

2.将红薯捣烂成泥，淋上酸奶，撒上亚麻子粉。

3.放入小麦胚芽、蔓越莓干、核桃仁、南瓜子即可。

奇妙蛋

材料

香菇3个

鹌鹑蛋3个

盐少许

黑胡椒少许

酱油少许

做法

1.将香菇洗净，表面撒少许盐，底朝上，放入深碟中，再放入蒸锅内蒸熟。

2.待香菇表面凹陷，大约2分钟后，将鹌鹑蛋打入香菇上方，继续蒸熟。

3.香菇蒸蛋蒸好后放上少许黑胡椒及酱油即可。

蒜香面包&意式炖番茄汤

蒜香面包

材料

吐司3片

大蒜少许

黄油少许

橄榄油少许

做法

1.大蒜洗净切成片。

2.吐司上均匀地抹上黄油。

3.蒜片上淋橄榄油，摆放在吐司上。

4.将吐司放入预热好的烤箱内，以200℃烤制10分钟，取出即可。

意式炖番茄汤

材料

番茄180克

土豆100克

洋葱80克

盐适量

橄榄油适量

淡奶油适量

做法

1.将番茄、洋葱、土豆洗净，均切小块。

2.锅内倒入橄榄油加热，放入洋葱块，翻炒到颜色透明。

3.放入番茄块翻炒3分钟。

4.再倒入土豆块、清水，撒少许盐，盖上盖，煮25分钟左右。

5.用搅拌棒将锅里的所有蔬菜搅碎。

6.将煮好的汤装入碗中，浇上少许淡奶油即可。

韩式黄瓜蒟蒻面沙拉
&牛肉泡菜饭卷&柠檬红茶

韩式黄瓜蒟蒻面沙拉

材料

小黄瓜150克

蒟蒻面100克

火腿1片

韩式泡菜少许

马苏里拉芝士少许

酱油15毫升

豆瓣酱8克

乌醋适量

砂糖适量

白芝麻适量

做法

1.煮一锅开水，将蒟蒻面放入锅中煮熟后放凉备用。

2.小黄瓜洗净，切除蒂头后，连同火腿和马苏里拉芝士切丝备用。

3.将上述食材装盘后，放上泡菜。酱油加乌醋、砂糖、白芝麻酱拌均匀，与豆瓣酱一起放入菜肴中，搅拌均匀即可。

TIPS

韩式泡菜在超市有售，也可以自己制作。取新鲜大白菜破开、洗净，沥干后，抹上食盐、辣椒面，腌渍一段时间即可。

❶

❷

❸

牛肉泡菜饭卷

材料

熟米饭200克

芦笋80克

蟹棒100克

泡菜60克

海苔1张

腌牛肉片150克

盐2克

米醋5毫升

食用油适量

做法

1.芦笋洗净，切成段；腌渍好的牛肉片切成小块。

2.锅中注水烧开，放入食用油、盐、芦笋段，焯熟，再放入蟹棒，煮熟捞出。

3.锅中放食用油烧热，放入牛肉块，煎熟盛出。

4.熟米饭加米醋拌匀，铺在海苔上，再放上芦笋段、牛肉块、蟹棒、泡菜，卷起，用牙签固定即可。

柠檬红茶

材料

柠檬10克

红茶1包

蜂蜜5克

薄荷叶少许

热水150毫升

做法

1.红茶中注入热水150毫升，泡3分钟，取出红茶包，放凉。

2.将放凉的红茶水过滤入杯中。

3.杯中放入蜂蜜、柠檬片，搅拌均匀，浸泡片刻，再放上少许薄荷叶即可。

日式炖菜&蜜糖吐司

日式炖菜

材料

冬笋150克

胡萝卜100克

莲藕120克

芋头150克

豌豆80克

蘑菇50克

柴鱼高汤适量

味淋、清酒各15毫升

白糖、盐各少许

日式酱油20毫升

食用油适量

做法

1.将冬笋、胡萝卜、莲藕、芋头处理好，切滚刀块。

2.热锅注水烧开，加入食用油、盐，放入豌豆，汆煮后捞出，再加入冬笋、胡萝卜、莲藕、芋头、蘑菇，汆去涩味，捞出。

3.热锅注油，将豌豆以外的蔬菜倒入炒匀。

4.倒入柴鱼高汤，大火煮沸，再加味淋、清酒。

5.加白糖，煮片刻，再加适量日式酱油，盖盖。

6.中火将蔬菜煮至熟，加入豌豆，搅拌片刻，再转大火收汁即可。

蜜糖吐司

材料

吐司2片

蜂蜜少许

做法

1.在吐司上均匀地刷上蜂蜜。

2.把吐司放入烤箱，以180℃烤5分钟。

3.取出即可。

缤纷吐司&牛奶香蕉奶昔

缤纷吐司

材料

鸡蛋1个

吐司1片

火腿2片

西柚130克

杧果200克

盐1克

沙拉酱适量

番茄酱适量

食用油适量

做法

1.吐司切去四边，放入盘中；火腿放入锅中，煎至两面金黄取出，放到吐司片上。

2.锅中注入食用油烧热，打入鸡蛋，撒上少许盐，煎熟，放到火腿上。

3.挤上番茄酱和沙拉酱。

4.西柚对半切开，切成小瓣，去皮，切块，装盘。

5.杧果切开，切成块，去皮，装盘。

牛奶香蕉奶昔

材料

香蕉125克

牛奶100毫升

白糖2克

做法

1.香蕉剥取果肉，切小块。

2.取榨汁机，倒入香蕉块、白糖、牛奶。

3.榨出奶昔，装入杯中即成。

烤蔬菜&餐蛋可丽饼

烤蔬菜

材料

西葫芦1个

红彩椒2个

茄子1个

芝士粉适量

盐适量

橄榄油适量

做法

1.将所有食材洗净，切成片。

2.蔬菜装入碗中，加入橄榄油、盐，搅拌匀。

3.将拌好的蔬菜装入焗盘中，用200℃的温度烘烤30分钟。

4.取出后装入盘中，撒上芝士粉即可。

餐蛋可丽饼

材料

火腿片2片

鸡蛋2个

面粉70克

牛奶100毫升

黄油适量

西红柿块、生菜叶各适量

白糖、盐各适量

做法

1.将黄油隔水加热，融化后加入鸡蛋打匀。

2.再加入牛奶、白糖、盐拌匀，筛入面粉，拌匀。

3.平底锅加热，倒入面糊，将其摊成薄面饼。

4.在饼中心加入鸡蛋、火腿片。

5.将饼皮四面向内折，加热定型。

6.将煎好的可丽饼盛出装入盘子，摆上西红柿块、生菜叶装饰即可。

紫薯贝果&鸡蛋沙拉

紫薯贝果

材料

高筋面粉250克

酵母粉4克

细砂糖65克

奶粉15克

盐2克

蛋黄1个

牛奶150毫升

紫薯泥30克

无盐黄油30克

椰蓉少许

蔓越莓干适量

大杏仁碎适量

做法

1.将高筋面粉、酵母粉、35克细砂糖、奶粉、盐搅拌均匀，倒入蛋黄、牛奶、紫薯泥，用手揉成团。

2.取出面团，反复揉扯拉长，再卷起，放上无盐黄油，揉成纯滑的面团，封上保鲜膜，静置发酵约30分钟。

3.将面团切分开，搓成条，捏成圆圈，再放在铺有油纸的烤盘上，放入已预热至30℃的烤箱中层，撒上椰蓉，静置发酵约30分钟，取出。

4.锅中倒入500毫升清水、30克细砂糖，煮至溶化，放入面团，煮约30秒，翻面，再煮约30秒，捞出，再放在铺有油纸的烤盘上，放入已预热至180℃的烤箱中层，烤约18分钟。

5.取出，撒上蔓越莓干、大杏仁碎即可。

鸡蛋沙拉

材料

鸡蛋1个

黑胡椒盐适量

橙子、食用油各适量

生菜、牛奶各少许

做法

1.锅中注油烧热，打入鸡蛋，加入少许牛奶，炒匀，加入适量黑胡椒盐翻炒匀调味，盛出。

2.生菜洗净，撕碎，放入盘中打底，将炒好的鸡蛋倒入盘中。橙子洗净切片，摆入盘中即可。

紫薯泡芙&双色甘蓝塔

紫薯泡芙

材料

牛奶110毫升

无盐黄油35克

盐3克

低筋面粉75克

鸡蛋2个

紫薯泥100克

做法

1.将牛奶倒入锅中，加入35毫升清水、无盐黄油、盐，煮片刻，关火后加入低筋面粉搅成糊状，倒入玻璃碗中，用电动搅拌器快速搅拌。

2.分2次加入鸡蛋，打发，搅成纯滑面浆，装入套有裱花嘴的裱花袋里，挤在垫有高温布的烤盘上，制成数个大小相同的泡芙生坯。

3.将烤箱上、下火均调为200℃，预热5分钟，放入泡芙生坯，烤15分钟，取出放凉，将泡芙横刀切开。

4.将紫薯泥装入裱花袋里，尖角处剪开一小口，逐个挤入泡芙中即可。

双色甘蓝塔

材料

紫甘蓝1片

包菜1片

南瓜子25克

圣女果适量

芝麻酱适量

酱油适量

做法

1.将包菜及紫甘蓝洗净切丝，焯水滤干，分层放入杯中，倒扣入盘；芝麻酱加酱油调匀，作为蘸料。

2.将圣女果洗净，分别一刀切两半，摆出鞭炮造型，撒上南瓜子即可。

烟熏鲑鱼牛油果沙拉&花蛤海苔意大利面&蜂蜜蔓越莓柠檬汁

烟熏鲑鱼牛油果沙拉

材料

芝士丝20克
牛油果1个
烟熏鲑鱼3片
柠檬汁1小勺
橄榄油少许
欧芹粉少许

做法

1.牛油果去核后，将果肉挖出，加入柠檬汁和橄榄油后捣成泥。

2.平底锅中加少许橄榄油，放入芝士丝，用小火煎至熔化成片状后，捞起放凉。

3.在芝士脆片上放上调好味的牛油果泥，撒上欧芹粉，再摆上烟熏鲑鱼片即可。

TIPS

判断牛油果是否成熟的方法：待牛油果表面变黑，捏着有一点软，就是基本成熟了。要注意，牛油果需要在常温下成熟，不要放进冰箱。

❶

❷

❸

花蛤海苔意大利面

材料

意面100克

花蛤150克

西蓝花100克

洋葱少许

蒜末少许

海苔丝少许

红椒圈少许

酱油5毫升

盐2克

黑胡椒碎适量

白兰地酒适量

橄榄油适量

做法

1.花蛤处理好，西蓝花洗净切成小块。

2.锅中注水烧开，放入意面，煮至熟捞出，过凉水，备用。

3.锅中倒入适量橄榄油烧热，放入蒜末、洋葱爆香，倒入花蛤，炒片刻，放入意面，翻炒片刻。

4.撒入西蓝花、海苔丝、红椒圈拌炒均匀。

5.加入酱油、盐、黑胡椒碎调味，滴入适量白兰地酒，快速翻炒入味即可。

蜂蜜蔓越莓柠檬汁

材料

鲜蔓越莓40克

柠檬20克

肉桂10克

蜂蜜20克

清水200毫升

做法

1.将柠檬片洗净对半切开。

2.将部分鲜蔓越莓放入榨汁机中，加入清水200毫升，榨取果汁，过滤好，倒入杯中。

3.杯中放入剩余的鲜蔓越莓、柠檬片、肉桂、蜂蜜，浸泡30分钟即可。

Part 03

感恩回馈，给父母的舒心早午餐

早午餐，就是把早餐和午餐合在一起吃。无须早起的上午，不妨舒服地睡个懒觉，然后为父母制作一份贴心的早午餐，不管是中式佳肴，还是丰盛的西式美味，这里都一应俱全，让你的父母过一个舒心的假日。

四季豆牛油果鲜菇沙拉&海米丝瓜粥&香蕉杏仁燕麦昔

四季豆牛油果鲜菇沙拉

材料

四季豆150克

牛油果1个

芦笋5根

杏鲍菇1根

黄甜椒80克

红甜椒80克

柠檬汁10毫升

黑胡椒少许

海盐少许

做法

1.将四季豆、牛油果、杏鲍菇、甜椒洗净后切丁，芦笋洗净后切段备用。

2.煮一锅开水，将芦笋段、杏鲍菇丁和四季豆丁分别汆烫至熟后，捞出沥干水分，放凉。

3.将切丁的食材拌匀，用柠檬汁、黑胡椒和海盐调味，装盘后，放上芦笋段即成。

TIPS

一般白芦笋以整体色泽乳白为最佳，绿芦笋以色泽油亮为佳。

❶

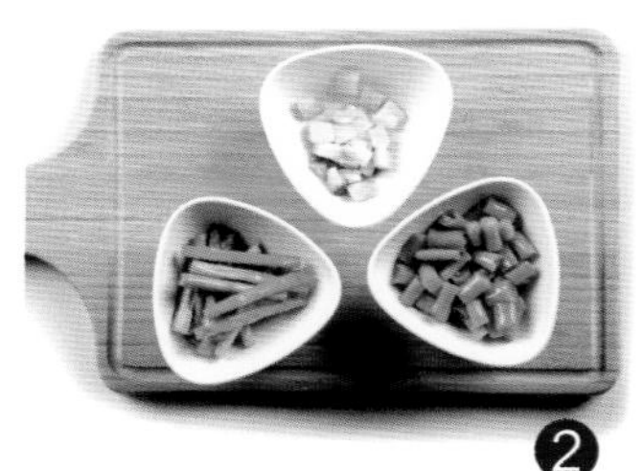

❷

❸

海米丝瓜粥

材料

丝瓜50克

粳米70克

海米5克

姜丝适量

葱花适量

盐适量

料酒适量

做法

1.将粳米洗净，放入砂锅中，加适量水，先煮开后转小火熬制30分钟。

2.将海米用热水漂洗浸泡，水中可加入1勺料酒去腥。

3.将丝瓜洗净去皮，切成滚刀块。

4.将粳米粥熬至八成熟时，放入泡过的海米，加入姜丝。

5.放入丝瓜块及少量盐，搅拌调味。

6.再续煮5分钟后撒入葱花即可。

香蕉杏仁燕麦昔

材料

香蕉200克

燕麦片20克

杏仁15克

做法

1.香蕉去皮，切块。

2.将杏仁、燕麦片倒入榨汁机，搅拌成粉，再放入香蕉块，淋入清水30毫升。

3.搅打成昔即可。

五红紫米粥&胡萝卜太阳蛋

五红紫米粥

材料

紫米80克

红豆50克

红衣花生40克

大枣6颗

枸杞子20颗

牛奶500毫升

玫瑰花适量

红糖5克

做法

1.将紫米、红豆、红衣花生洗净，提前放入清水中浸泡。

2.将泡发好的紫米、红豆、红衣花生滤干水分。

3.将洗净的大枣、紫米、红豆、红衣花生、枸杞子、玫瑰花一同放入电饭煲中，放入适量清水、牛奶，煮至熟烂。

4.出锅前加入红糖拌匀即可。

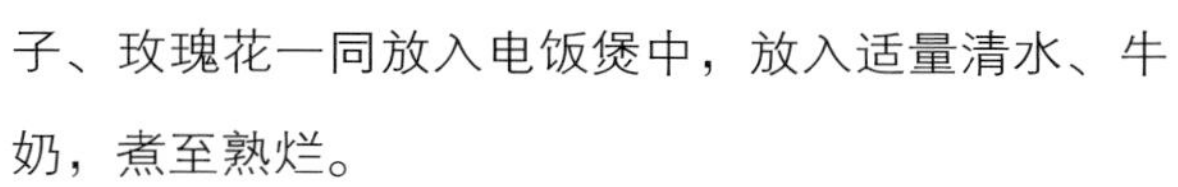

胡萝卜太阳蛋

材料

胡萝卜1根

鸡蛋2个

盐2克

橄榄油少许

黑胡椒粉少许

做法

1.胡萝卜洗净擦丝，加入盐、少许黑胡椒粉，拌匀。

2.锅中倒油烧热，放入胡萝卜丝，炒1分钟。

3.在锅内平分成2份，用铲子码成中间低、两边略高的圆饼状，将2个鸡蛋分别打进去。

4.转小火煎至蛋白凝固、蛋黄半凝固状态即可。

巧拌海藻&瘦肉猪肝粥&酒酿冲蛋

巧拌海藻

材料

海藻100克

蒜末5克

红椒丝5克

红油10毫升

陈醋10毫升

辣鲜露5毫升

做法

1.先将海藻浸泡片刻，用适量的清水冲洗净，切成段，放入盘中，备用。

2.锅中注水烧开，放入海藻段，焯煮片刻，快速捞起沥干水。

3.将海藻段装入碗中，放上蒜末、红椒丝，淋入红油、陈醋、辣鲜露，拌匀入味即可。

TIPS

海藻是低热量、高水分的食物，经常食用，能帮助缺水肌肤补充水分，具有收缩毛孔、美白肌肤的美容功效。

瘦肉猪肝粥

材料

瘦肉30克

大米50克

猪肝20克

水发香菇10克

姜丝少许

葱花少许

盐6克

鸡粉4克

料酒适量

做法

1.将洗净的瘦肉切碎，剁成肉末。

2.猪肝洗净切成薄片，水发好的香菇切片。

3.将猪肝片、瘦肉末装入碗中，加料酒、鸡粉、盐，拌匀腌渍10分钟。

4.将大米盛入锅中，再加入适量清水。

5.盖上锅盖，大火煮开转小火煮40分钟。

6.揭开锅盖，倒入香菇片、瘦肉末、猪肝片，搅拌匀。

7.略微再煮10分钟，至食材熟透。

8.煮好的粥盛出装入碗中，撒上葱花、姜丝即可。

酒酿冲蛋

材料

酒酿40克

鸡蛋2个

枸杞子适量

白糖适量

做法

1.将鸡蛋打入碗中，搅匀打散。

2.热锅注入适量的清水，用大火烧开，放入备好的酒酿。

3.搅拌片刻煮沸，加入适量白糖，搅拌均匀，倒入蛋液内。

4.边倒入边搅拌成蛋花状，放入洗净的枸杞子即可。

杂粮饭团&蚝油生菜

杂粮饭团

材料

黑米50克

大米50克

做法

1.将黑米、大米洗净泡发。

2.电饭锅注水，放入黑米、大米，拌匀。

3.选定煮饭键，将杂粮米饭焖熟。

4.盛出米饭，将其搅拌散热至松散。

5.手上沾凉开水，取适量米饭，将其捏制成饭团即可。

蚝油生菜

材料

生菜150克

蒜适量

葱适量

生抽10毫升

蚝油8克

淀粉3克

食用油适量

做法

1.生菜择洗干净，蒜拍碎切成粒，葱切成葱花。

2.锅中注水烧开，将生菜放开水中焯至断生，捞出。

3.取一个小碗，加入生抽、蚝油、淀粉，再加一点水，拌匀，制成蚝油汁。

4.锅中放油，炸香蒜粒、葱花，加入蚝油汁熬3分钟左右。

5.把熬好的汁倒在焯好的生菜上，搅拌均匀即可。

包菜蛋饼&醋味萝卜丝

包菜蛋饼

材料

包菜50克

鸡蛋4个

高汤50毫升

盐适量

食用油适量

做法

1.包菜洗净切成小块，装入碗中，加入少许盐，拌匀。

2.鸡蛋打入碗中，加入高汤，搅拌匀。

3.煎锅注油烧热，倒入包菜块，炒软。

4.将包菜均匀铺在锅底，均匀地倒入蛋液。

5.待底部定型，盖上锅盖，将鸡蛋焖熟即可。

醋味萝卜丝

材料

白萝卜200克

醋适量

盐适量

白糖适量

芝麻油适量

做法

1.白萝卜洗净去皮，切成粗丝。

2.白萝卜丝装入碗中，加入少许盐，拌匀腌软。

3.将腌好的白萝卜丝挤去多余的汁水，装入碗中。

4.加入醋、白糖、芝麻油，搅拌均匀即可。

西葫芦蛋饼&五谷豆浆

西葫芦蛋饼

材料

低筋面粉1杯

西葫芦1个

鸡蛋2个

南瓜子30克

盐2克

山茶油10毫升

做法

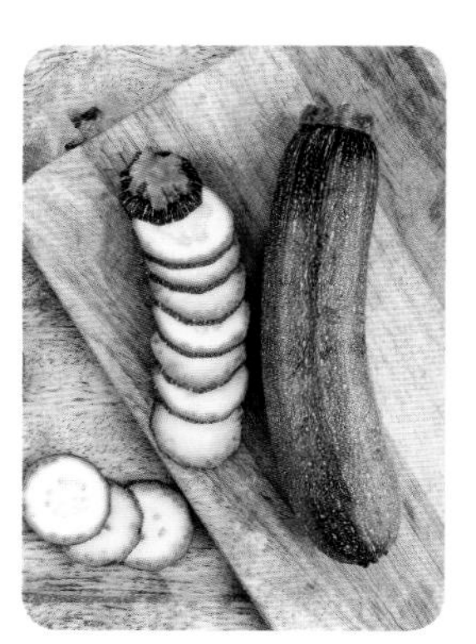

1.将西葫芦洗净擦丝，滤干水分后放入碗中。

2.在放有西葫芦丝的碗中放入盐、山茶油，再打入2个鸡蛋，搅拌均匀，筛入低筋面粉，制成黏稠的面糊。

3.将平底不粘锅烧热，转小火，把面糊放入锅中，煎至两面金黄，盛出即可。

4.将南瓜子撒在西葫芦蛋饼旁边。

五谷豆浆

材料

红豆20克

黄豆30克

花生10克

枸杞子10克

大枣4颗

橙子1个

做法

1.将红豆、黄豆、花生、枸杞子、大枣洗净，浸泡。

2.将浸泡好的红豆、黄豆、花生、枸杞子、大枣滤干水分，一起放入豆浆机中，加入适量水，开启五谷豆浆模式，榨成豆浆装入杯中。

3.将橙子洗净，切成圆圈状，摆盘即可食用。

荷塘炒锦绣&番茄疙瘩汤&胡萝卜杏汁

荷塘炒锦绣

材料

莲藕100克

水发木耳50克

扁豆50克

彩椒50克

芦笋50克

鲜百合30克

蒜片少许

植物油少许

水淀粉少许

盐少许

做法

1.莲藕洗净去皮切片，扁豆洗净斜切成条，一起焯水至断生，捞出沥水备用。

2.木耳、彩椒均洗净切片，芦笋洗净切成段，鲜百合剥成瓣洗净。

3.热油爆香蒜片，倒入莲藕片、木耳片、扁豆条、芦笋段，翻炒至八分熟，加入彩椒片、百合翻炒一会儿，加盐调味，加水淀粉勾芡即成。

TIPS

莲藕洗净切片之后最好放入清水中浸泡，以免氧化变黑。

番茄疙瘩汤

材料

番茄100克

洋葱30克

面粉80克

干罗勒叶少许

芝士碎少许

食用油适量

做法

1.洗净的番茄切成小块。

2.洋葱清洗干净，再切碎。

3.面粉中缓慢加入50毫升温开水，用筷子搅拌，形成小疙瘩。

4.热锅注油烧热，倒入洋葱碎，炒至透明。

5.加入番茄块，将其炒软，倒入少许清水，将番茄炖烂。

6.加入面疙瘩，慢慢搅拌使其不粘连后续煮至熟。

7.将煮好的疙瘩汤盛出，撒上干罗勒叶、芝士碎即可。

胡萝卜杏汁

材料

杏50克

胡萝卜150克

做法

1.将杏洗净去核，切成小块。

2.胡萝卜洗净去皮，切小块。

3.在榨汁机中倒入处理好的杏块、胡萝卜块。

4.倒入清水250毫升，搅打成汁，过滤好即可。

炖土豆面团&蔬菜杂烩

炖土豆面团

材料

土豆泥300克
面粉130克
番茄泥200克
白洋葱碎30克
大蒜10克
鳀鱼适量
罗勒叶适量
帕玛氏芝士适量
盐4克
黑胡椒3克
橄榄油适量

做法

1.土豆泥加面粉、少许橄榄油，揉成面团，搓成条，再揉成一个个小圆球。
2.锅中注水烧开，放入少许盐、面团，煮至浮起后，捞起，装入碗，淋入橄榄油，搅拌片刻。
3.锅注油烧热，放入白洋葱碎、鳀鱼、大蒜，炒出香味，倒入番茄泥，煮至浓稠，加入土豆团，拌匀，加盐、黑胡椒、罗勒叶，翻炒，盛出，撒上帕玛氏芝士，淋上橄榄油即可。

蔬菜杂烩

材料

茄子40克
西葫芦40克
番茄40克
青椒40克
洋葱40克
罗勒叶少许
黑醋少许
蜂蜜少许

做法

1.洗净的茄子、西葫芦、番茄、青椒、洋葱切片，一片一片叠加在烤盘上，盖上锡纸。
2.放在烤箱里以180℃烤40分钟取出，加黑醋、罗勒叶、蜂蜜，搅拌匀即可。

太阳花饺子&海带豆腐汤

太阳花饺子

材料

饺子皮10片

肉馅50克

草莓3颗

酱油适量

做法

1.分别用两张饺子皮包一个太阳花形饺子，即一张饺子皮上放肉馅，盖上另一张饺子皮，将四周封口后，用手指在周围捏一圈花边。

2.锅内煮水，水开后煮饺子，至饺子漂浮于表面并鼓胀起来，即为熟透，捞出饺子摆盘。

3.将草莓洗净，对半切开，摆盘。

4.饺子配上酱油一起食用即可。

海带豆腐汤

材料

海带1片

豆腐1块

味噌20克

做法

1.将海带、豆腐洗净，豆腐切块，海带切丝。

2.锅内烧开适量水，加入海带丝、豆腐块煮沸，续煮至食材熟透。

3.放入味噌拌匀调味即可。

腰果全蔬&鸭血粉丝&玉米浓汤

腰果全蔬

材料

西蓝花半颗

胡萝卜片50克

荷兰豆80克

腰果80克

百合30克

黑木耳30克

橄榄油少许

盐少许

做法

1.西蓝花洗净切成小朵，黑木耳泡发后洗净撕小片，待用。

2.锅中烧开适量清水，放入西蓝花、荷兰豆、胡萝卜片焯水至六七成熟，捞出沥干水分。

3.锅中放橄榄油烧热，将腰果小火炒至干香，倒入黑木耳片、百合一同翻炒，再倒入西蓝花、荷兰豆、胡萝卜片翻炒至熟，加盐调味即可出锅。

TIPS

西蓝花在焯水的时候，可以加入少许食用油，这样煮好的西蓝花的颜色更加好看。

鸭血粉丝

材料

鸭血50克

鸡毛菜100克

鸭胗30克

粉丝70克

高汤适量

八角适量

鸡粉2克

胡椒粉适量

料酒适量

盐适量

做法

1.锅中注水烧开，放入盐、八角、料酒、鸭胗，盖上锅盖，将鸭胗煮熟，再捞出，切成片。

2.将粉丝用开水泡发，烫软。

3.切成块的鸭血放入开水中汆烫片刻，捞出待用。

4.锅中倒入高汤煮开，加盐拌匀，放入粉丝，搅拌煮熟。

5.放入处理好的鸡毛菜，加入鸡粉、胡椒粉，拌匀。

6.将锅中煮熟的食材盛出摆入碗中，再摆入鸭血块、鸭胗片，浇上汤即可。

玉米浓汤

材料

甜玉米粒100克

淡奶油50克

面粉少许

高汤适量

盐适量

黄油适量

做法

1.黄油倒入锅中炒化，倒入玉米粒，翻炒至熟透。

2.将炒好的玉米粒倒入榨汁机内，打成玉米浆。

3.黄油放入炒锅加热，加入少许面粉，翻炒熟。

4.倒入玉米浆、适量高汤，搅拌加热至沸腾。

5.再倒入淡奶油，搅拌匀，加入少许盐，搅拌匀即可。

粗粮月饼&大枣枸杞子蛋花醪糟

粗粮月饼

材料

西蓝花适量

紫薯1个

南瓜1块

草莓适量

小麦胚芽30克

南瓜子20克

炼乳适量

蜂蜜少许

豆蔻粉适量

肉桂粉适量

盐2克

做法

1.将南瓜、紫薯去皮洗净，放入蒸锅内蒸熟，取出。

2.紫薯加肉桂粉、蜂蜜、15克小麦胚芽，混合放入搅拌机里搅拌成紫薯泥。

3.南瓜加豆蔻粉、炼乳、15克小麦胚芽，混合放入搅拌机里搅拌成南瓜泥。

4.用月饼模具将紫薯泥、南瓜泥印出月饼状，摆盘。

5.西蓝花洗净焯水，加盐调味，与草莓、南瓜子一起摆入盘中。

大枣枸杞子蛋花醪糟

材料

鸡蛋1个

大枣3颗

枸杞子6颗

醪糟200毫升

做法

1.锅内加200毫升水，放入大枣、枸杞子，待水烧开后加入200毫升醪糟，再次烧开。

2.将鸡蛋打散，倒入锅中并及时搅拌30秒，至蛋花熟透即可。

亚麻子粉卷饼&紫米黑豆粥

亚麻子粉卷饼

材料

亚麻子粉20克
面粉30克
生菜1片
黄瓜半块
胡萝卜半块
鸡蛋1个
圣女果适量
核桃仁适量
牛奶适量
盐适量
千岛酱适量

做法

1.将亚麻子粉与面粉混合，加适量盐、牛奶揉成面团，用擀面杖擀成薄饼。

2.锅烧热，转小火，放入薄饼两面煎熟，盛出。

3.鸡蛋打散，入锅摊成蛋饼，盛出切粗丝，待用。

4.将黄瓜、胡萝卜去皮洗净切条，并将黄瓜条、胡萝卜条、生菜及鸡蛋丝放入面饼中，淋上千岛酱调味，卷起，装入盘中。

5.将圣女果洗净，与核桃仁一起摆盘即可。

紫米黑豆粥

材料

紫米适量
黑豆适量

做法

1.将黑豆洗净，用清水浸泡，待泡发后沥干水分，放入锅中，待用。

2.紫米洗净，放入装有黑豆的锅中，混合均匀，加适量水，煮成粥即可。

紫薯香蕉卷&小白菜清炒蘑菇

紫薯香蕉卷

材料

海苔1片

紫薯1个

香蕉1根

牛奶少许

枫糖浆适量

蔓越莓干适量

草莓适量

做法

1.将紫薯洗净放入蒸锅里蒸熟，去皮。

2.将紫薯放入搅拌机中，加少许牛奶搅拌成泥。

3.海苔铺平，将紫薯泥抹于上方铺平，放上去皮的香蕉，卷起，切段，摆入盘中，淋上枫糖浆。

4.将草莓洗净切成两半装盘，旁边放些蔓越莓干作摆盘用。

小白菜清炒蘑菇

材料

小白菜4颗

蘑菇适量

食用油适量

盐、胡椒粉各少许

做法

1.将小白菜、蘑菇洗净沥干备用。

2.锅内放少许油，先将蘑菇放入锅内炒1分钟，再倒入小白菜快炒片刻。

3.出锅前放盐、胡椒粉调味即可。

紫薯燕麦能量圆球&绿豆薏米豆浆

紫薯燕麦能量圆球

材料

即食燕麦60克

紫薯泥200克

甜椒1个

鸡蛋1个

杧果半个

南瓜子1勺

小麦胚芽40克

生菜4片

肉桂粉6克

食用油适量

做法

1.紫薯泥加入肉桂粉、燕麦、小麦胚芽、南瓜子，搅拌成泥。

2.杧果切丁，搅拌成泥。

3.取一份紫薯燕麦泥，滚圆后压扁，放少许杧果泥，包上，搓圆，滚上一层小麦胚芽装饰。

4.生菜洗净垫底装盘，甜椒洗净横切几刀，做成甜椒圈。

5.平底锅放油烧热，放入甜椒圈，在甜椒圈中打入一个鸡蛋，煎至鸡蛋熟，盛入盘中，摆入紫薯燕麦球。

绿豆薏米豆浆

材料

绿豆30克

黄豆40克

薏米20克

做法

1.将绿豆、薏米、黄豆提前浸泡一晚。

2.捞出泡好的绿豆、薏米、黄豆，放入豆浆机中。

3.加水至水位线，选择五谷豆浆模式，打成豆浆即可。

Part 04

营养定制，给宝贝的暖萌早午餐

早午餐不只是为了填饱饥饿的肚子，更是为了甜蜜的陪伴。在忙碌的生活中抽出一天时间来，为宝贝定制一顿营养丰富的早午餐，打造一段温馨愉悦的亲子时光。

粉红炒饭&热牛奶

粉红炒饭

材料

剩米饭大半碗

玉米粒适量

熟青豆粒适量

胡萝卜粒适量

黄瓜粒适量

鸡蛋1个

红心火龙果半个

山茶油少许

盐少许

做法

1.将玉米粒、熟青豆粒、胡萝卜粒、黄瓜粒放入碗中，混合均匀。

2.将红心火龙果洗净去皮（皮放一边待用），取火龙果果肉切丁，待用。

3.将一个鸡蛋打散，平底锅内倒少许山茶油，加入杂蔬粒、鸡蛋翻炒，加盐调味。

4.倒入剩米饭，翻炒至米饭炒散。

5.将火龙果果肉丁加入炒好的米饭中，稍微翻炒两下，装入火龙果皮中即可。

热牛奶

材料

牛奶1杯

做法

1.取出奶锅，倒入备好的牛奶，加热。

2.将牛奶倒入杯中，摆盘即可。

蛋卷饭团&烤芝麻蔬菜沙拉

蛋卷饭团

材料

紫米饭200克

鸡蛋80克

海苔碎适量

盐2克

食用油适量

做法

1.紫米饭装入碗中，加入海苔碎，搅拌匀。

2.将米饭逐一捏成大小一致的饭团。

3.鸡蛋打入碗中，加入少许盐，拌匀。

4.煎锅注油烧热，倒入少许蛋液，摊成蛋皮。

5.待蛋液半熟，放入一个饭团，用筷子将蛋皮包裹住饭团。其余蛋卷饭团依此制作即可。

烤芝麻蔬菜沙拉

材料

生菜60克

洋葱60克

烤芝麻沙拉酱少许

做法

1.洗净的洋葱、生菜切成丝。

2.将切好的蔬菜装入碗中。

3.浇上烤芝麻沙拉酱，拌匀即可。

茄汁饭团&原味烘蛋

茄汁饭团

材料

番茄300克
米饭200克
高汤少许
海苔少许
盐少许
芝麻油少许
橄榄油少许

做法

1.番茄去皮洗净，切成小块。
2.锅中倒入橄榄油烧热，倒入番茄，翻炒至半糊状。
3.放入高汤、盐，翻炒呈酱状，关火，淋入芝麻油，拌匀。
4.将备好的米饭倒入番茄酱内，搅拌至米饭将茄汁吸收。
5.待米饭冷却，将其捏成饭团，再粘上海苔即可。

原味烘蛋

材料

鸡蛋3个
牛奶15毫升
橄榄油少许
番茄酱少许

做法

1.鸡蛋敲入碗中，倒入牛奶，用打蛋器打成蛋液。
2.煎锅内倒入橄榄油烧热，倒入蛋液，翻炒至半凝固状。
3.用锅铲将鸡蛋对叠，转小火将两面煎上色。
4.盛出烘蛋，装入盘子，挤上番茄酱装饰即可。

包菜包肉&虾油拌萝卜泥

包菜包肉

材料

包菜40克
洋葱末40克
猪绞肉100克
鸡蛋40克
面包粉30克
牛奶30毫升
香芹菜碎少许
柴鱼高汤适量
盐4克
胡椒粉3克

做法

1.将包菜叶放入热水中稍煮一下，用漏勺捞起。

2.碗中放入猪绞肉、洋葱末、面包粉、鸡蛋、牛奶。

3.加入盐、胡椒粉，搅拌匀做成肉馅。

4.将煮好的包菜铺开，肉馅分成八等份，再分别用包菜包住肉馅，放入平底锅中，加入柴鱼高汤，炖煮15分钟左右，装盘，再撒上切好的香芹菜碎。

虾油拌萝卜泥

材料

大虾50克
白萝卜100克
姜片20克
盐4克
食用油适量
料酒适量

做法

1.洗净的大虾剥壳，虾仁切成小丁，虾壳、虾头备用。

2.白萝卜去皮，用研磨器将其磨成泥，堆叠在碗中。

3.热锅注油烧热，爆香姜片，倒入虾壳和虾头，淋入料酒，炒匀，捞出，放入虾肉，翻炒片刻。

4.加入盐，炒匀，淋在萝卜泥上即可。

肉饼蒸蛋&滑蛋牛肉粥&苹果地瓜牛奶

肉饼蒸蛋

材料

瘦猪肉150克

豆腐200克

鸡蛋4个

盐2克

姜汁适量

食用油适量

红椒丁适量

蒜末、生抽各少许

葱花、芝麻油各适量

做法

1.将豆腐用刀背压碎，包入纱布中挤去水分，备用。

2.瘦猪肉洗净剁成肉末，加入豆腐碎、蒜末、盐、姜汁、食用油、生抽装碗压实。

3.打入4个鸡蛋，大火蒸熟，撒入红椒丁和葱花，淋入芝麻油，切成四等份，装入保存容器中，放入微波炉加热3分钟即可。

TIPS

还可以将其放入蒸锅中，蒸熟。放入微波炉前要用牙签将蛋黄刺破。

滑蛋牛肉粥

材料

大米100克

牛里脊肉50克

鸡蛋1个

胡椒粉适量

盐适量

水淀粉适量

嫩肉粉适量

生抽适量

做法

1.大米洗净后用水浸泡30分钟，捞出装入锅中，注入适量清水，盖上锅盖，大火煮开后转小火煮30分钟。

2.洗净的牛里脊切薄片，装入碗中，加生抽、胡椒粉、盐、水淀粉、嫩肉粉腌渍10分钟。

3.鸡蛋打散成蛋液，待用。

4.揭开锅盖，往粥里倒入腌渍好的牛肉片，略微搅拌至转色。

5.缓缓倒入蛋液，顺时针慢慢搅开即可。

苹果地瓜牛奶

材料

黄心红薯150克

牛奶250毫升

苹果250克

做法

1.苹果用清水冲洗干净，去核后切成块；红薯洗净切成小块，备用。

2.蒸锅注水烧开，放入红薯块，蒸至熟。

3.将苹果块、红薯块和牛奶放入果汁机中，搅打成蔬果汁即可饮用。

鲑鱼烘蛋卷&土豆蔬菜沙拉

鲑鱼烘蛋卷

材料

鲑鱼肉40克

鸡蛋3个

盐适量

番茄酱少许

食用油适量

做法

1.鲑鱼肉洗净切成小块。

2.鸡蛋打入碗中，加入少许盐，搅拌匀。

3.热锅注油烧热，倒入蛋液，底部煎至半凝固。

4.放入鲑鱼肉，用蛋皮包卷住鱼肉。

5.关火，盖上锅盖，闷2分钟。

6.将煎好的蛋卷装入碗中，挤上少许番茄酱装饰即可。

土豆蔬菜沙拉

材料

土豆200克

鸡蛋80克

黄瓜少许

沙拉酱适量

做法

1.将洗净的土豆蒸熟。

2.鸡蛋放入沸水锅中，煮熟后取出，放入冷水中浸泡。

3.将鸡蛋捞出，去壳，切成小丁。

4.蒸熟的土豆去皮压成土豆泥。

5.洗净的黄瓜切成小丁，装入碗中。

6.碗中加入土豆泥、鸡蛋丁、沙拉酱，搅匀即可。

山药火腿卷&蔬菜海鲜粥&西芹牛奶汁

山药火腿卷

材料

山药400克

蛋皮3张

豌豆100克

火腿肠丁100克

食用油适量

盐少许

做法

1.山药去皮洗净，切成片，蒸熟后趁热压成山药泥，再加少许清水拌匀。

2.清水加盐煮开，放入豌豆煮至断生，捞出，与火腿肠丁、山药泥一起拌匀成馅料。

3.取蛋皮铺平，分别铺上拌好的馅料，上面刷一层食用油，卷成蛋卷，放入锅中蒸4分钟即成。

TIPS

新鲜山药切开时会有黏液，极易滑刀伤手，可以先用清水加少许醋洗，这样可减少黏液。

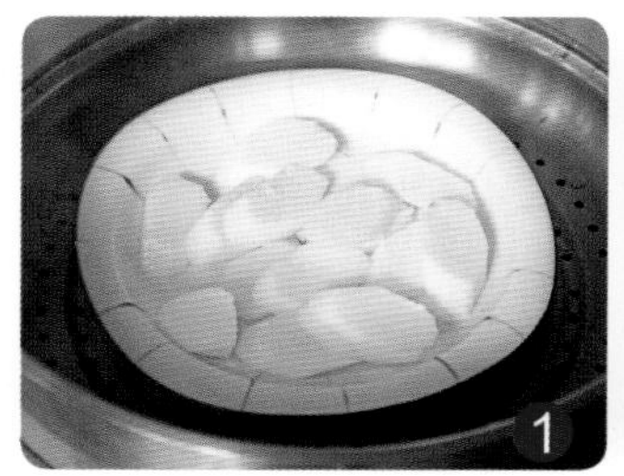

蔬菜海鲜粥

材料

鲜虾30克

芹菜40克

大米70克

盐3克

料酒4毫升

胡椒粉适量

做法

1.洗净的鲜虾去壳，切成小粒，装入碗中，加入胡椒粉、料酒，拌匀腌渍片刻。

2.洗净的芹菜摘去全部的叶子，再切成小粒。

3.大米洗净，浸泡在清水中30分钟。

4.大米倒入锅中，注入适量清水。

5.盖上盖，大火煮开转小火煮40分钟。

6.揭开盖，放入虾仁粒、芹菜粒、盐，搅拌匀。

7.用小火再稍煮片刻至食材熟透即可。

西芹牛奶汁

材料

西芹80克

牛奶200毫升

做法

1.将西芹用清水洗净，浸泡片刻，捞出，切成小段，备用。

2.将西芹段倒入榨汁机中，倒入备好的牛奶，搅打成汁。

3.将蔬菜汁倒入杯中，点缀上西芹叶即可。

糯米小南瓜&香蕉牛奶奶昔

糯米小南瓜

材料

糯米粉适量

南瓜1块

牛奶200毫升

枸杞子适量

做法

1.将南瓜洗净去皮，放蒸锅内蒸熟，取出后加少许牛奶捣烂成泥。

2.在南瓜泥中加入糯米粉，慢慢地加入剩余牛奶，揉成不粘手的面团。

3.将面团分成几个小面团，用手将面团搓成圆形，稍稍压扁，用牙签压出南瓜纹路，上方插上1个枸杞子。

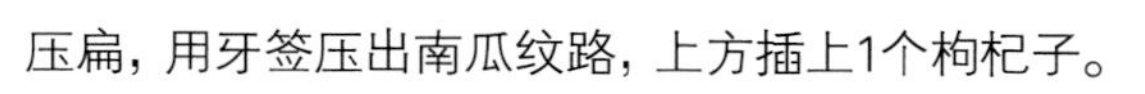

4.蒸锅内垫蒸垫，将做好的糯米小南瓜放入锅内，蒸10分钟即可。

香蕉牛奶奶昔

材料

香蕉1根

牛奶250毫升

做法

1.香蕉去皮。

2.将香蕉与牛奶一起放入料理机中，搅打成昔，倒入杯中即可饮用。

钢琴吐司&音符酸奶

钢琴吐司

材料

全麦吐司1片

山药1段

鸡蛋1个

杏仁4颗

炼乳适量

盐少许

黑胡椒粉少许

黑巧克力酱适量

做法

1.将山药去皮洗净，切成块状，放入蒸锅内蒸熟，加入炼乳搅成泥。

2.将全麦吐司切去边，抹上山药泥，切两半，用黑巧克力酱在上面画出琴键和琴谱。

3.将杏仁摆入两个吐司中间。

4.将平底锅烧热，放心形煎蛋器。

5.打入一个鸡蛋进去，小火慢煎，至蛋黄略微凝固，放入盐、黑胡椒粉调味即可。

音符酸奶

材料

酸奶1杯

黑巧克力酱适量

做法

1.将备好的酸奶放入杯中。

2.用黑巧克力酱在酸奶上画上音符即可。

吐司盅&水果坚果

吐司盅

材料

吐司2片

马苏里拉芝士少许

菠菜3根

培根2片

鸡蛋2个

盐少许

芦笋适量

做法

1.锅内烧水，放入少许盐，将洗净的菠菜焯水，捞出沥干水分，切丁；芦笋横切成两半，待用。

2.将吐司去边，放入马克杯中，中间按压下去，制成吐司盅。

3.培根切丁，放入吐司盅内，再放入菠菜，按压实，再将鸡蛋打在上方，继续撒少许马苏里拉芝士。

4.烤箱预热至180℃，将吐司盅放入烤箱，烤25分钟，将吐司盅拿出，脱模即可。

水果坚果

材料

葡萄适量

核桃仁适量

开心果适量

做法

1.将葡萄洗净，摆入盘中。

2.将核桃仁和开心果摆入盘中。

HALLO
WEEN

小恶魔煎蛋吐司&创意酸奶

小恶魔煎蛋吐司

材料

全麦吐司1片

海苔1小片

鸡蛋1个

猕猴桃1个

杏仁适量

黄油适量

蓝莓酱少许

巧克力酱少许

做法

1.用海苔制作一个小恶魔的帽子，放在一边，待用。

2.锅烧热，用心形模具无油煎一个鸡蛋，盛盘。

3.将小恶魔的帽子放在鸡蛋黄上方，用巧克力酱画一个小恶魔的表情。

4.取1片吐司切去边，吐司边一头压扁，抹上黄油，放上杏仁；猕猴桃去皮洗净切片。

5.将吐司和吐司边一同放入烤箱中，以170℃烤5分钟左右，取出放入盘中，在吐司上抹上蓝莓酱，放上猕猴桃片，再放上小恶魔煎蛋即可。

创意酸奶

材料

酸奶1杯

巧克力酱适量

做法

1.将酸奶倒进杯子里。

2.用巧克力酱在酸奶表面画出蜘蛛网即可。

缤纷彩虹比萨&水果牛奶

缤纷彩虹比萨

材料

全麦吐司片3片
马苏里拉芝士3片
豌豆粒1把
玉米粒1把
紫甘蓝3片
西蓝花4朵
胡萝卜半个
口蘑1个
圣女果5个
番茄酱适量

做法

1.将紫甘蓝洗净切丝，西蓝花洗净切碎，口蘑、胡萝卜及圣女果全部切丁，豌豆粒、玉米粒洗净焯熟备用。
2.在两片吐司上抹少许番茄酱，分别放上一片马苏里拉芝士片，将另外一片芝士片切条补全不足的地方。
3.将蔬菜由浅至深依次摆在吐司上。
4.烤箱调至180℃进行预热，将彩虹吐司放入烤箱中层，烤10分钟即可。

水果牛奶

材料

蓝莓80克
牛奶1杯

做法

1.牛奶略微加热，倒入杯中。
2.蓝莓洗净，摆入盘中即可。

黄瓜鱿鱼水波蛋沙拉
&水果松饼&苹果紫甘蓝菠萝昔

黄瓜鱿鱼水波蛋沙拉

材料

小黄瓜100克
鱿鱼筒100克
牛油果1个
鸡蛋1个
茼蒿少许
干辣椒2个
芝麻油少许
海盐少许
酱油10毫升
味醂5毫升
白醋10毫升
砂糖5克
白芝麻少许

做法

1.小黄瓜和牛油果洗净切块，装碗备用；鱿鱼筒洗净切块后，以开水汆烫3分钟，装碗备用；茼蒿洗净后沥干，拌入芝麻油和海盐，装碗备用。

2.将鸡蛋打入碗中，待锅中的水煮至微开后转小火，用筷子将开水搅成漩涡状，轻轻将鸡蛋倒入漩涡中央，用小火煮约90秒，等蛋白凝固后，即可捞起。

3.将酱油、味醂、白醋、砂糖、白芝麻混合均匀后浇在之前备好的食材上，将水波蛋放在中间，再以切碎的干辣椒作为装饰即可。

TIPS

挑选小黄瓜时要选择新鲜水嫩的，颜色深绿色、黄色或近似黄色的瓜为老瓜。

水果松饼

材料

鸡蛋2个

低筋面粉150克

黄油30克

牛奶70毫升

草莓80克

菠萝200克

做法

1.草莓洗净，对半切开，摆盘；菠萝去皮，洗净，切块，摆盘。

2.鸡蛋打散，加入适量的牛奶，倒入黄油、低筋面粉，拌匀呈糊状。

3.平底锅烧热，倒入适量面糊，煎至表面起泡，翻面，煎至两面呈焦糖色后盛出，切块即可。

苹果紫甘蓝菠萝昔

材料

紫甘蓝40克

苹果100克

菠萝肉120克

柠檬汁5毫升

做法

1.紫甘蓝洗净去芯，切小片。

2.菠萝肉、苹果洗净切成块。

3.将紫甘蓝片、菠萝块、苹果块放入榨汁杯中。

4.打成蔬果昔后，取下榨汁杯。

5.倒入柠檬汁，盖盖，放在榨汁机上搅打片刻。

6.打开杯盖，倒入备好的瓶中即可。

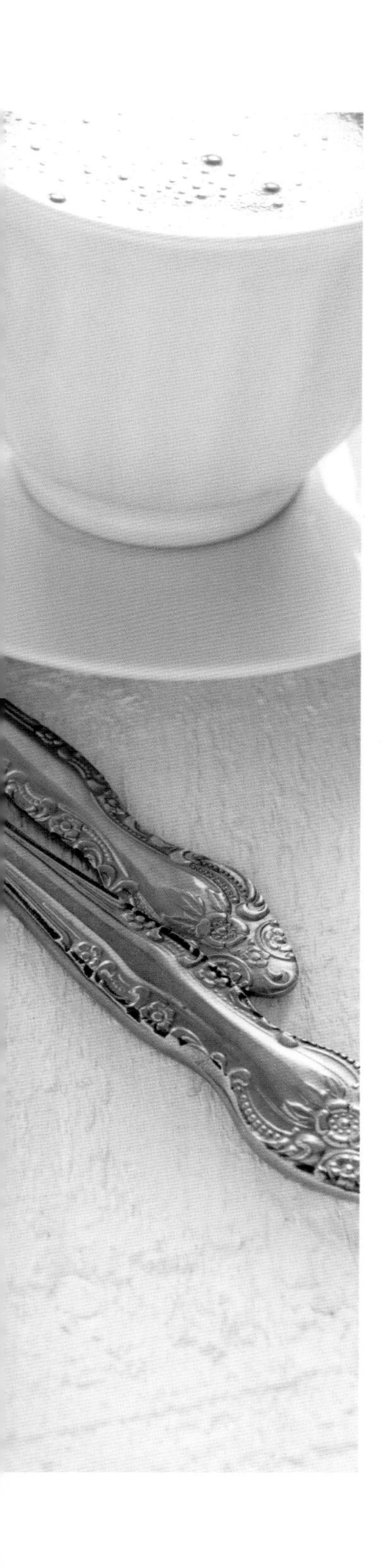

Part 05

单身福利，给自己的元气早午餐

周末睡到自然醒，这个时候最需要的就是一顿活力十足的早午餐来唤醒你沉睡的味蕾，喝一碗浓浓的果昔，吃一份多汁的番茄牛小排沙拉，瞬间让你精神十足！

芥蓝百合&速煮猪肉盖饭&豆腐味噌汤

芥蓝百合

材料

芥蓝250克

鲜百合80克

胡萝卜50克

植物油适量

盐适量

蒜片少许

做法

1.芥蓝洗净去根部斜切成段，百合洗净剥片，蒜瓣和胡萝卜洗净切片。

2.锅中注入植物油，爆香蒜片，将芥蓝段、百合片、胡萝卜片放入锅中快速翻炒熟。

3.最后加盐调味即可。

TIPS

芥蓝中含有有机碱，这使它带有一定的苦味，能刺激人的味觉神经，增进食欲，还可加快胃肠蠕动，有助消化。

速煮猪肉盖饭

材料

熟米饭1碗

洋葱80克

瘦肉100克

葱片适量

香菜少许

酱油10毫升

料酒10毫升

白酒适量

白糖适量

食用油适量

做法

1.瘦肉洗净，切成片，备用；洋葱洗净切条。

2.锅中倒入适量食用油，放入洋葱条、葱片翻炒片刻。

3.倒入猪肉片，炒出香味，再淋入适量酱油、料酒、白酒。

4.倒入少许白糖、清水，稍煮片刻至入味。

5.备好米饭，将炒好的菜肴浇在米饭上，点缀上香菜即可。

豆腐味噌汤

材料

白味噌1大勺

豆腐50克

大葱20克

海带40克

高汤适量

葱花适量

做法

1.豆腐切成小块，大葱洗净斜刀切片。

2.高汤倒入锅中煮开，倒入豆腐块与泡发好的海带。

3.放入大葱片，搅拌匀，加入白味噌，搅匀搅散，将食材煮熟。

4.盛出装入碗中，撒上葱花即可。

咖喱彩椒拌豆芽&水果什锦粥&蛤蜊冬瓜汤

咖喱彩椒拌豆芽

材料

彩椒2个

豆芽100克

咖喱酱小半碗

盐少许

芝麻油少许

做法

1.将全部食材洗净，彩椒切丝，装入加热容器中，拌匀，淋上咖喱酱，搅拌均匀。

2.加入备好的盐，淋入适量的芝麻油，放入豆芽，充分拌匀入味，备用。

3.盖上保鲜膜，牙签戳几个小孔，食用时微波炉加热2～3分钟即可。

TIPS

彩椒的营养元素非常丰富，含有蛋白质、维生素、膳食纤维、胡萝卜素等。据测定，每100克彩椒含有104毫克维生素C，可促进人体新陈代谢和血液循环，有助于人体脂肪燃烧。

水果什锦粥

材料

糯米50克

大米50克

甜瓜30克

葡萄30克

做法

1.将大米和糯米洗净，一次性加足水泡发。

2.砂锅中注入适量的清水，大火烧开，倒入泡发好的大米、糯米。

3.盖上锅盖，煮开后转小火煮40分钟至熟，盛出放凉。

4.把水果洗净切丁，放入粥里即可。

蛤蜊冬瓜汤

材料

蛤蜊100克

冬瓜50克

姜丝适量

盐适量

料酒适量

做法

1.冬瓜用适量的清水清洗干净，去皮，切成薄片，备用。

2.热锅注入适量的清水，大火烧开，放入冬瓜片，大火煮沸。

3.加入处理好的蛤蜊，淋入少许料酒，加盖，煮3分钟左右。

4.揭开盖，加入少许盐，放入姜丝，搅拌匀即可。

有机蔬菜沙拉&黑椒三文鱼意面
&柠檬薄荷绿茶

有机蔬菜沙拉

材料

圣女果3个

生菜适量

紫甘蓝适量

小黄瓜适量

千岛酱适量

做法

1.生菜、紫甘蓝、小黄瓜、圣女果均洗净，用凉开水浸泡5分钟。

2.圣女果洗净，对半剖开；生菜、紫甘蓝切段；小黄瓜切片。

3.将所有切好的蔬菜装入容器内，淋入千岛酱后拌匀即可食用。

TIPS

紫甘蓝含有的热量和脂肪很低，但是维生素、膳食纤维和微量元素的含量却很高，是一种很好的减肥食物；生菜的含水量高、热量很低。二者同食，有瘦身的作用。

黑椒三文鱼意面

材料

三文鱼120克

意大利面200克

黄油15克

牛奶80毫升

西蓝花适量

胡萝卜适量

柠檬汁适量

盐3克

黑胡椒2克

芝麻油4毫升

白葡萄酒适量

橄榄油适量

做法

1.三文鱼洗净切块，加少许盐、黑胡椒、白葡萄酒、柠檬汁腌渍。

2.锅中倒入少许橄榄油，烧热，放入三文鱼块，中小火煎2分钟，翻面，再煎2分钟。

3.意大利面放入沸水锅中煮熟，捞出，过冷水，加入牛奶、黄油、黑胡椒、剩余盐，拌匀装盘，放上三文鱼。

4.西蓝花洗净切小朵，胡萝卜洗净切片。

5.沸水锅中加少许盐，放入西蓝花、胡萝卜片焯水，捞出后加盐、芝麻油拌匀，摆入盘中即可。

柠檬薄荷绿茶

材料

绿茶10克

柠檬20克

薄荷叶3克

做法

1.柠檬洗净切片。

2.绿茶中注入开水200毫升，泡3分钟，过滤。

3.柠檬片放入榨汁机中，注入少许清水，榨出汁，过滤。

4.将柠檬汁倒入杯中，加入泡好的绿茶，放入洗净的薄荷叶即可。

黑醋圣女果沙拉&黄油芦笋

黑醋圣女果沙拉

材料

圣女果40克

洋葱20克

黑香醋适量

盐适量

橄榄油适量

蜂蜜适量

做法

1.洗好的圣女果对切开。

2.洋葱处理好，切成丝。

3.圣女果与洋葱丝装入碗中，淋入黑香醋、蜂蜜。

4.加入盐、橄榄油，拌匀即可。

黄油芦笋

材料

鸡蛋1个

白醋少许

芦笋50克

黄油适量

做法

1.热锅注水烧至80℃，转最小火，淋入少许白醋，打入鸡蛋。

2.用小火煮1分钟后将鸡蛋捞出，装入盘中。

3.黄油放入干净的锅中加热至化，放入洗净的芦笋。

4.用中火将芦笋煎至熟透，装入盘中即可。

油浸圣女果&蒜香法棍

油浸圣女果

材料

圣女果150克

综合香草适量

蒜片适量

海盐2克

橄榄油适量

黑胡椒碎适量

做法

1.圣女果洗干净对半切开，摆在烤盘里。

2.放入烤箱，用110℃热风烘烤至半干。

3.热锅倒入橄榄油加热，放入蒜片，炒黄。

4.放入综合香草和黑胡椒碎爆香，最后放入圣女果干，炒至圣女果干鼓起，放入海盐，炒匀。

5.装入消毒后的盒子中，密封7天后即可食用。

蒜香法棍

材料

法棍1根

大蒜少许

橄榄油适量

盐适量

做法

1.备好的法棍斜刀切厚片。

2.处理好的大蒜切成片。

3.热锅倒入橄榄油加热，放入蒜片、盐，将蒜片煎透。

4.将蒜油淋在法棍上，摆上蒜片。

5.放入烤箱，以180℃烤8分钟即可。

鹰嘴豆泥&芝士沙拉

鹰嘴豆泥

材料

罐头鹰嘴豆200克
酸奶40克
柠檬汁少许
大蒜少许
香菜少许
芝麻酱10克
盐3克
黑胡椒适量
橄榄油适量

做法

1.将酸奶、鹰嘴豆、柠檬汁、大蒜、盐放入搅拌机，搅拌1~2分钟。
2.搅拌均匀后加入芝麻酱，拌匀。
3.将香菜洗好切碎。
4.将豆泥盛到盘子中，为美观起见，顺时针涂抹，形成漩涡状纹路，表面撒上黑胡椒、香菜碎，最后缓缓浇上橄榄油即可。

芝士沙拉

材料

苦菊200克
水煮蛋1个
奶油芝士40克
红生菜少许
盐、黑胡椒各少许

做法

1.洗净的苦菊、红生菜撕成小片。
2.奶油芝士切成小块。
3.水煮蛋去壳，切成片。
4.将切好的食材全部装入盘中。
5.食用时撒上盐、黑胡椒调味即可。

香煎三文鱼&厚蛋烧

香煎三文鱼

材料

带皮三文鱼排适量
黑胡椒适量
盐适量
橄榄油适量
菠菜120克
芝麻适量
生抽少许
陈醋少许

做法

1.处理好的三文鱼排撒上适量盐、黑胡椒，涂抹匀，再腌渍片刻。

2.热锅注入橄榄油加热，放入鱼排，煎1分半钟后翻一面，再煎1分半钟，再将鱼皮煎1分钟，盛出摆盘。

3.热锅注水烧开，放入盐、橄榄油，放入切段的菠菜，氽至断生捞出。

4.捞出的菠菜装入碗中，加入少许生抽、陈醋，拌匀装入小碗中，再撒上芝麻，摆盘即可。

厚蛋烧

材料

鸡蛋100克
盐少许
食用油少许

做法

1.鸡蛋打入碗中，加入盐，混合好。

2.煎锅内加油烧热，倒入一部分蛋液，烧至凝固。

3.往自己的方向卷起，再往里推到一边。重复操作，直到用完蛋液。

4.将做好的蛋卷切成适合的大小即可。

香蕉肉桂吐司&水果酸奶

香蕉肉桂吐司

材料

全麦吐司1片

黄油1勺

黄瓜半根

鸡蛋1个

香蕉1根

盐适量

黑胡椒适量

肉桂粉1勺

草莓1颗

做法

1.将黄瓜洗净，切片，摆盘；香蕉去皮切片。

2.全麦吐司放入盘中，抹上1勺黄油，铺上香蕉片，撒上肉桂粉；草莓对半切开摆盘。

3.锡纸刷一层油，将四边折起，呈盒子状，打入1个鸡蛋。

4.将吐司、鸡蛋一同放入烤箱，以200℃烤5～10分钟，取出后摆盘，往鸡蛋上撒一点盐、黑胡椒调味即可食用。

水果酸奶

材料

香蕉片适量

草莓适量

石榴半个

酸奶1杯

做法

1.石榴洗净，取石榴粒，待用。

2.酸奶倒入杯中，将香蕉片、石榴粒、草莓放入酸奶中即可。

草莓果酱三明治&牛奶咖啡

草莓果酱三明治

材料

吐司3片

草莓果酱适量

做法

1.取3片吐司，放入烤箱，烤至微黄，取出。

2.在烤好的吐司上涂抹上适量的草莓果酱，叠起即成草莓果酱三明治。

tips

草莓酱也可以自制。用200克草莓洗净，切小丁，放入50克白砂糖浸半小时。奶锅烧热，将浸泡好已经出汁的草莓丁放入奶锅中小火熬制，不断搅拌至黏稠状态。玻璃瓶放热水中消毒，趁热将草莓果酱放入玻璃瓶中，盖上盖子，放入冰箱保存。

牛奶咖啡

材料

速溶咖啡粉2勺

牛奶200毫升

做法

1.将速溶咖啡粉放入洗净的杯中，加入50毫升热水冲泡。

2.加入牛奶，搅匀即可。

双色三明治&核桃酸奶

双色三明治

材料

全麦面包2片

豆苗80克

鸡蛋1个

猕猴桃1个

橄榄油5毫升

盐2克

奶油芝士适量

做法

1.将猕猴桃洗净去皮，切成薄片状，待用。

2.取1片全麦面包，在面包上均匀涂抹奶油芝士，然后放上猕猴桃片。

3.锅内放少许橄榄油，打入鸡蛋，炒1分钟，盛出。

4.将豆苗洗净，滤干水。

5.锅内放少许橄榄油，将豆苗快炒1分钟，放少许盐调味。取另1片全麦面包，在面包上均匀涂抹奶油芝士，然后放上豆苗、鸡蛋即可。

核桃酸奶

材料

小麦胚芽30克

猕猴桃1个

核桃仁3颗

酸奶1杯

做法

1.将猕猴桃洗净去皮切成粒，核桃仁也处理成碎粒，待用。

2.酸奶倒入杯中，放入小麦胚芽。

3.表面撒上核桃仁碎及猕猴桃粒即可摆盘食用。

番茄牛小排沙拉&牛油果三明治&杂莓奶昔

番茄牛小排沙拉

材料

圣女果3颗

无骨牛小排200克

洋葱50克

西葫芦150克

橄榄油适量

茼蒿少许

海盐少许

黑胡椒少许

黄咖哩粉10克

椰奶20毫升

做法

1.圣女果洗净后，摘除蒂头；无骨牛小排洗好用厨房纸吸掉血水；西葫芦洗净切成半圆片；洋葱洗净切丝备用。

2.将橄榄油倒入平底锅中，将洋葱丝、西葫芦片和牛小排下锅拌炒至牛肉半熟，再加入圣女果、海盐和黑胡椒，炒至全熟，装盘备用。

3.将黄咖哩粉用橄榄油炒香，再加入椰奶煮成浓稠的咖喱酱汁。在装盘的食材中拌入洗净的茼蒿，佐咖哩酱食用。

TIPS

西葫芦含有一种干扰素的诱生剂，可刺激机体产生干扰素，提高免疫力。购买西葫芦时，可用手摸，如果发空、发软，说明已经老了。

牛油果三明治

材料

长棍面包2片

小黄瓜少许

牛油果80克

核桃仁少许

花生酱15克

黄芥末酱适量

做法

1.牛油果洗净后，削皮切瓣；小黄瓜洗净用削皮器削成长薄片备用。

2.平底锅用小火烧热后，放入切好的牛油果，双面煎至微焦后捞起放凉。

3.花生酱和黄芥末酱混合后，涂抹于长棍面包片上，再依次放上小黄瓜片和牛油果，撒上少许核桃仁即可食用。

杂莓奶昔

材料

草莓80克

黑莓50克

蓝莓40克

青柠檬20克

白糖5克

牛奶80毫升

做法

1.草莓洗净去蒂，对半切开。

2.将草莓、黑莓倒入榨汁机中。

3.再倒入蓝莓，挤入青柠檬汁。

4.倒入牛奶、白糖。

5.打成奶昔，倒入杯中即可。

罗勒芝士煎蛋&香蕉牛奶

罗勒芝士煎蛋

材料

大枣磅蛋糕3片

马苏里拉芝士少许

罗勒叶适量

生菜80克

鸡蛋1个

草莓适量

牛奶适量

核桃仁4颗

盐适量

食用油适量

做法

1.将马苏里拉芝士切丝；将罗勒叶洗净，切碎。

2.鸡蛋加少许牛奶搅成蛋液，放入罗勒叶碎、1克盐调味。

3.将锅烧热，放少许油，倒入蛋液，待鸡蛋下方凝固，表面未凝固时，撒上马苏里拉芝士丝，盖盖，待芝士熔化盛出。

4.将大枣磅蛋糕、罗勒芝士煎蛋摆入盘中。

5.放入洗好的核桃仁、草莓、生菜即可。

香蕉牛奶

材料

香蕉1根

牛奶200毫升

淡奶油适量

做法

1.香蕉去皮切小块待用。

2.将香蕉块加入搅拌机中，同时倒入牛奶。

3.搅拌机高速运转30秒即可，盛出后可用淡奶油装饰。